郭老師的四季甜品

養生藥膳專家 **郭月英**—著

人文的 · 健康的 · DIY的

腳丫文化

自序

　　甜食可說是男女老少都難以抗拒的誘惑，但是基於熱量偏高的考量，很多人對它又愛又恨。甚至認為吃甜食除了會發胖之外，還有影響健康的疑慮。其實以中醫的角度來看待甜食，態度並不是這麼負面的。

　　各式養生藥膳，從古到今流傳了幾千年仍舊受世人喜愛，其中不乏以甜品之姿出現的糕點與糖水。最普遍的如茯苓糕、核桃糕、杏仁豆腐、冰糖蓮子、芝麻糊等等，不僅給人幸福溫暖的味蕾享受，同時也達到保健養生的功效。這也是中式甜品與西式甜點最大的不同之處。西式甜點多半追求精緻的口感，完美的甜味比例；而中式甜品則不斷精進於養生功效與美味的平衡。因此中醫看待甜食，絕對是正面肯定多於負面的。

　　不過現代人的飲食習慣受歐美國家影響甚深，傳統的養生甜品接受度普遍不高。為了滿足廣大的甜食愛好者，本書的所有內容，除考慮食材簡單、避免繁瑣的製作步驟，且融合近代的營養學及中醫養生概念，規劃出美味無負擔的甜品。更依照春、夏、秋、冬四時的變化，深入淺出的與讀者分享四季養生飲食的智慧。

　　吃甜食不必再感到疑慮。只要以正確的態度與方式，適當、適量、適時的吃，甜食也可以很健康地養生！

郭月英

目次

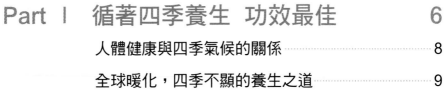

Part III　自己動手做養生甜點

秋天，最適宜養肺 …………………… 64

冬天，養腎最佳時節 …………………… 86

Part I
循著四季養生　功效最佳

人體健康與四季的關係

　　中國人自古以來，即崇尚「養生之道」，「養」是指身體有充足的營養及良好的保養，「生」則是指健康、有活力的生命，和品質良好的生活。因此中醫醫學的養生觀念十分完整而多面向。醫籍《黃帝‧內經》中記載：「……智者之養生也，必順四時而適寒暑……」，意思是說，聰明的養生之道，必定是循著四季來調養，人體才能適應外界不同的寒暑氣候，與自然環境產生協調，體質好自然不容易生病。

　　除了調養的時機之外，調養的方式也很重要。「民以食為天」的中國人，累積了幾千年的「藥食同源」、「醫食同源」經驗法則，中醫發現食物、藥物的性味與功效，與肝、心、脾、肺、腎五臟之間具有密切的關聯。若依照春、夏、秋、冬四季之更替，與酸、苦、甘、辛、鹹五味之變化，再加上青、赤、黃、白、黑五色之表現，就能將生理、病理、心理緊密結合，並且更充分發揮食療養生的作用。

四季	春	夏	長夏	秋	冬
五臟	肝	心	脾	肺	腎
五味	酸	苦	甘	辛	鹹
五色	青	赤	黃	白	黑

　　簡單來說，春天適合養肝，而酸味入肝，有益於肝氣循環。夏天要養心定神，而苦味入心，可去心火，寧神安心。秋天潤肺之季，要注重養肺，而辛入肺，能適暢呼吸。冬天則是溫腎補陽好季節，鹹味入腎，能滋補腎陽，強化命門之火。至於長夏，也就是夏秋的過渡期，約為黃曆7月時，在四季循環中雖

然是養脾的主要季節，但脾胃乃是人體後天體質的調養之母，脾胃健康則飲食正常，消化吸收良好，才能有源源不絕的能量。所以保養脾胃是不分季節的，時時刻刻都不得疏忽。在養生理念中，四季都應健脾養胃；而甘味入脾，脾胃中氣受甘味之滋養，自能心生喜悅，不受邪侵，因此一年四季都適合吃甜品。

總而言之，人的整體健康是裡外相互影響的，與大自然的四時氣候變化、飲食條件、環境因素及個人心理反應是相應合的，無論食療養生或藥療治病，都是要經過整體的瞭解與整合，再來配合適當的膳食，遵循此養生原則，就可以常保健康。

全球暖化，四季不顯的養生之道

在本島四季如春的氣候下，並無明顯的寒暑分野，加上地球暖化效應，是否很難依季節變化來養生呢？其實本島的四季雖不分明，但仍舊可約略界定出來，而人體對氣候的變化十分敏感，溫度與溼度只要略有改變，人體就會由外在感應而影響到內部的生理機能。

此外，古代依季節調養的觀念，對現在的科技文明時代來說，應該提升為調理、調節的概念。

因為現代人食物獲得容易，且非常多元化，普遍現象不是不足，而是過剩。這也是為什麼中醫再三強調需注重飲食，並且學著有智慧地吃的原因。日常中若能將均衡飲食的觀念銘記在心，再依照四季的氣候改變，適時補養或節制，就能擁有健康幸福。

Part II

吃對甜品　健康又幸福

甜點在健康上扮演什麼角色？

　　許多人對甜食望之卻步，以為吃甜食會影響健康，其實甜食非但不是造成疾病的元兇，適量吃反而是一種有益身心健康的輔助食品。簡單來說大概可以下列幾點說明：

一、維持正常的腦活動

　　糖是人體必需的物質，適當的吃糖是有益健康的，經過消化後，糖被轉化成血液中的葡萄糖，即血糖，在正常情況下，這是腦組織的能量來源。一旦血糖不足，很容易變得無法思考、反應遲鈍、神經緊張、疲勞無力、手足發抖，甚至不省人事。

　　所以，當用腦過度或血糖過低時適量吃糖，血液中才有充足的血糖，才能供應所需的能量，並且刺激腦活動，提振精神，補充短期腦力，維持正常的腦活動。

二、能穩定情緒

　　甜品是很大比例人口的最愛，糖分並不是疾病的肇因，反而能對人們的心理起很大的安定作用。它會促使大腦產生一種令人有快樂感的腦內啡，讓人有滿足的幸福感，使心情放鬆，穩定焦躁並抗憂鬱。這也是甜品的魅力，只要食量得宜，甜品對人體絕無害處。

　　當情緒低潮，或是脾氣將發時，吃點甜的東西，對情緒具有正面的提升效果。

三、迅速補充體力

　　糖類燃燒之後，為人體提供能量，並隨著血液充分供應到周身的細胞，維持一定水準的體力。一旦血液中缺乏血糖，身體很容易產生倦怠感，漸漸感到飢餓，接下去會變得疲乏虛弱，如果即時補充糖分，能迅速補充體力、消除疲勞，因為糖是消化道最能迅速吸收的成分，且能維持脾臟機能的平衡；至於偏食與食慾不振者，亦可利用甜品暫時性的調和補充營養，但人體所需的營養素頗多，甜品亦不能長期大量且單一食用，否則對身體健康也是一種危害。

四、可提高績效與人際關係

　　因為糖分既提供人體能量，又維持腦組織正常運作；同時能穩定情緒，產生快樂幸福的感覺，所以在此身心條件下，無論學習或是工作，都會有較好的成果；相對的，也較容易建立良好的人際互動關係與家庭和諧氣氛。

吃甜品的IQ

　　吃甜品可以是一種享受，可以是天然的解鬱良方；但也可能造成身心累贅。怎樣吃甜品才是最聰明的呢？以下提挈幾項重要觀念，可以讓您沒有負擔地快樂享受甜品。

一、適量吃

　　吃甜品會被人們產生迷思和誤解，認為它是發胖的元凶，因為甜品的主物

料不外是糖分、奶油、澱粉⋯⋯之類的高熱量物質；其實，如果不想拒絕美味甜品的誘惑，只要適量的吃，並不會令體重直線上升；如果正實施瘦身計畫的人，就必須嚴控甜品的量。

二、適時吃

什麼時候吃甜品，最不會造成體重負擔？切記不要在空腹時吃，不但吸收效果最好，也是容易因飢餓感而大快朵頤，不知不覺中會吸收較多的熱量。再者，不要以甜品當宵夜，吃了即睡，醣類很容易轉換成脂肪，堆積在體內；身體長期過度疲累的時候也少吃，否則會消耗較大量的鈣質、鉀質、維生素B群，如B_1等，使人會愈加沒精神。暫時性的疲勞則不在此限。

三、適質吃

維持體重、擁有好身材，需要運用一點小智慧，尤其是吃甜食一事，如果了解自己所嗜食的甜品含有什麼營養成分？用什麼食材做的？含多少卡路里？吃之前看一下食品標示，就能自我提醒，當然吃自己做的就最放心了。還有，高熱量的甜品建議留待飯後吃，一來可使正餐所進食的膳食纖維一道消化，較不易堆積熱量；二來食用量也會相對減少。

四、適品吃

選擇適當的甜品之外，個人也要培養有享受甜品的品味，狼吞虎嚥，血糖會快速上升，熱量來不及消耗就會滯留體內，轉換成脂肪；同時，要衡量自己的需要量，一般而言，活動量大可多吃一點甜品，活動量少即少吃，加上細嚼慢嚥，慢慢品味，有助於熱量的消耗，避免熱量囤積。

養生甜點的夥伴──糖類大集合

在日常飲食中，到處可見糖的蹤跡，但所謂的糖是什麼？與醣有何不同？

糖是醣的一部分，是有甜味的化合物；換句話說，就是醣類中具有甜味的稱為糖。醣，就是碳水化合物，是由碳、氫、氧所組成，從小分子的單醣到大分子的澱粉都屬於醣類。依結構分醣類的種類有四大類：

一、**單醣類**：葡萄糖、果糖、半乳糖……

二、**雙醣類**：蔗糖、麥芽糖、乳糖……

三、**寡醣類**：果寡糖、乳寡糖、麥芽寡糖、蜜三糖……

四、**多醣類**：肝醣、澱粉、膳食纖維……

醣類在食品中扮演著不同的角色，但都以相同的方式被人體吸收利用；而醣類所含的熱量，在所有營養素中並不是最高的，每公克脂肪供給熱能9大卡（卡路里），醣類和蛋白質一樣，都是4卡，也比酒精的7卡低。醣類的營養功能除了提供人體能量，也是構成身體組織的重要成分，多餘的醣則會轉換成體脂肪，神經細胞與組織，並參與脂質的代謝及促進成長發育。因此醣類是人體所需六大營養素之一，有其生理功能，只要注意其攝取量，不過量而任之轉為體脂肪，對健康是有重大意義的。

至於糖，種類也很多，各種所含的蔗糖純度，呈現的甜度、熱量高低、營養成分等等，也都有所差異，以下就常見的糖類作一簡介：

● 蜂蜜

蜂 蜜

含有葡萄糖18%和果糖75%，及大量的花粉粒、活性澱粉酶、維生素、礦物質等，是一種優質的天然食品，可被人體直接吸收，並協助將體內攝食太多，殘留下來的醣類，分解轉化成葡萄糖，並能迅速補充血糖，減輕疲勞、潤腸通便、促進新陳代謝。沖調蜂蜜不宜用熱水，溫度不要高過60℃，否則所含之微量維生素、礦物質、酶質等營養素容易被破壞。

● 楓糖

楓 糖

是由楓樹汁高溫萃取而來的天然食品，主要成分為蔗糖，還有果糖、葡萄糖，另含有礦物質、維生素、胺基酸等營養成分，且熱量低，又可取代不適合高溫的其他液態糖類，可說是糖類中較高級的。

● 麥芽糖

麥芽糖

屬於雙醣類，主要成分為麥芽糖、葡萄糖，可為各種甜品的調味料，亦可作為醫學上的營養料，是一種傳統的民間食品，中醫也取來入藥治病或入食膳養生，具有養顏美容，滋補臟腑、健脾開胃、袪痰止咳等功效。

黑 糖

亦稱之為紅糖或紅砂糖，是以甘蔗榨汁，取汁直接熬煮，不經化學過程，保留最原始的天然風味，及較豐富的礦物質、維生素，如鐵、鈣、鉀、錳、銅，及B$_2$、尼克酸、葉酸等成分，營養價值勝過一般的砂糖、白糖或冰糖等已經過純化的糖。傳統醫學取黑糖來活血鎮痛，調理婦女經痛、減輕疲勞倦怠，並調整腸胃不適。

• 黑糖、冰糖、砂糖

砂　糖

　　蔗糖因加工及精緻程度不同，而有冰糖、白砂、赤砂等不同產品。其中以冰糖純度最高，幾乎達99.9%，白砂糖次之；而精緻程度較低的紅砂、赤砂，因含有較多的礦物質、維生素等，顏色也較深，但相對的是保有較多的營養素。至於甜度，以含有雜質的砂糖反而高過純度較高的冰糖、白糖，所以通常煮甜食作甜品，會取砂糖，一來是甜度高，二來是砂糖會增添美味，例如它會使蛋糕、餅乾更顯鬆軟潤口，而且可以延長食物保存期限，蜜餞、果醬就是一例。

冰　糖

　　冰糖是以砂糖高溫提煉，萃取其單糖成分使其結晶而成，通常有傳統手工製法及機械自動化生產，有結晶冰糖、水晶冰糖等類別，前者在顆粒縫隙內飽含水份，較易受潮，後者則乾燥且清澈透明，呈現單粒六角形。因屬於單醣，不易發酵酸化，糖性穩定，能維持烹調成甜品的口味水準；是蔗糖純度最高的糖種，但無砂糖的燥熱之性。

　　以上各種糖類的熱量，可以作一簡單比較表，提供大家平時吃糖的參考：

糖種	冰糖	砂糖	黑糖	蜂蜜	麥芽糖	楓糖
卡／100g	387	380	365	329	325	258

Part III
自己動手做養生甜點

春天，最適合養肝

春季到來，萬象蓬勃，身心也隨之充滿一股向榮之息。

依春生、夏養、秋收、冬藏之養生哲理，在此季節裡最適合掌握此升發舒暢、飛揚雀躍之特質，順勢充沛人體肝陽之氣。

然而春寒料峭，乍暖還寒，且春眠多不覺曉，變化多端的氣候，一旦調理失當，容易引發焦躁抑鬱、情緒失調、頭暈目眩、營血失調、四肢不利、臉色蒼白、容易疲憊、睡眠品質低等現象。

適量食用益肝之食品，如酸性食物，青色食物有疏肝解鬱、安心助眠、增強免疫力，提升快樂指數之效。

紫蘇梅汁

除煩解憂、防治流感、安心助眠

材 料
紫蘇葉2葉、梅子6粒。

調味料
冰糖1小匙。

做 法
❶ 紫蘇葉去粗梗部,洗淨,搓成圓捲狀,
再切成細絲。
❷ 梅子入杯中,加入冰糖,倒入滾熱水沖
下,待梅子酸味溢出,冰糖溶化,再入
紫蘇絲,和勻一下,待香味散出即可。

功 效
＊ 梅子含有較多的有機酸,有益肝臟的循環代
謝,促進排毒、疏解肝氣鬱結,令人心平氣
靜、神采奕奕。
＊ 紫蘇所含揮發油能通氣提神、清新醒腦,緩
和緊張情緒,並幫助睡眠。在乍暖還寒的春
季,常吃紫蘇可保護呼吸器官,提高抵抗
力、防治感冒。與梅子搭配是極優質的養肝
甜品。

洛神梅子凍

養顏美容、瘦身減重、調節血壓

材　料
洛神花5朵、梅子5粒。

調味料
冰糖2小匙、寒天10g。

做　法
❶ 洛神花加350c.c.的水煮,大火煮開後轉小火,續煮約15分鐘,去渣留汁。

❷ 將冰糖加入①中和勻,再入寒天小火和勻,至寒天溶化,用濾網去雜質。

❸ 梅子粒入模型中,將②倒入模型中,待冷卻即可食;或置入冰箱中冰鎮味道更香濃。

功　效
＊ 洛神花含有果酸,抗氧化物等成分,如蘋果酸、花青素、類黃酮素,能抗老防衰、抑制自由基活動,並平衡體內酸鹼值,常食用能養顏美容、愉悅心情、遠離消沉。同時能調節血壓、血脂、維護心血管健康。

＊ 紓肝助消化的梅子,搭配富含膳食纖維的寒天,有輔助瘦身減重之效果;如果以此甜品搭配低糖、低脂、低熱量之餐飲,於飯前30分鐘,適量吃洛神梅子凍,有助減肥計畫成功。

檸檬蜂蜜凍

美白除斑、清神明目、促排毒素

材 料

檸檬2顆、刈檸檬皮器1只。

調味料

蜂蜜2大匙、寒天20g。

做 法

❶ 檸檬洗淨，用刈檸檬皮器刈下檸檬屑。

❷ 鍋中倒入500c.c.的水煮開，擠下檸檬汁和勻，再入蜂蜜和勻，接著加入寒天小火煮，待寒天溶化，用濾網過濾。

❸ 加入①和勻，倒入模型，待冷卻成形即可。

功 效

＊ 檸檬味極酸，很適合肝虛而容易疲勞、頭暈眼花、失眠、有氣無力者，能提振精神、明目醒腦，並提升睡眠品質。

＊ 檸檬也是美容聖品，富含有機酸、維生素，能促進胃腸蠕動，較快速排出體內代謝後產生的毒素，並減少皮膚色素沉著，具美白作用；同時能緩和孕婦害喜嘔吐之現象。但胃潰瘍、胃酸過多的人不宜食用。

抹茶牛奶羹

增強免疫力、消脂降壓、美化膚質

材　料

抹茶粉2大匙、牛奶500c.c.。

調味料

冰糖2小匙、寒天20g。

做　法

❶ 抹茶加入牛奶中和勻，置爐上開小火，放入冰糖拌勻。

❷ 加入寒天拌勻，過濾網濾去雜質，倒入容器中，待涼，入冰箱冰鎮；食用時再取出切長塊狀排盤即可。

功　效

＊ 講究的抹茶是利用春茶精磨而成的茶粉，富含芳香類化合物、天然抗氧化成分，如兒茶素、茶多酚等，能提高細胞殺毒能力、增進免疫力、抗癌防腫瘤；可促進新陳代謝，降低體內脂肪的堆積；並消除疲勞、降血壓血脂，還具透嫩膚質之效果。

＊ 融合牛奶作羊羹，更強化養顏美容、殺毒排毒效果，是一老少咸宜、美味滋養甜點。

糯米三色丸

降低緊張焦慮、提升免疫功能

材 料

圓糯米2杯、紅豆4兩、黃豆粉、黑芝麻粉、抹茶粉各1大匙。

調味料

紅砂糖2大匙。

做 法

❶ 圓糯米洗淨,加2杯水入電鍋中煮,熟後待涼備用。

❷ 紅豆洗淨,加2碗水煮,大火煮開後轉小火續煮約25分鐘,加入紅砂糖煮勻,轉大火收汁成紅豆泥狀。

❸ 將糯米置手中,加入②為餡,再搓成丸子狀。

❹ 將抹茶、黑芝麻、黃豆粉分別置盤中,將③分別滾上粉即可。

功 效

＊ 糯米有很高的營養價值,能提供多種身體必需營養素,具養肝清肺、補脾和胃作用,助益成長發育、維護健康,吃了會令人心生滿足感,減低焦躁、舒緩緊張、減輕疲勞。但糯米質性較黏滯,腸胃不適、消化功能障礙者少吃。

＊ 配合能提高肌膚新陳代謝率、緩和更年期不適症狀的黃豆粉,以及能解毒消腫、通腸利尿、降壓益血的紅豆,和有烏黑髮絲、潤澤肌膚效果的黑芝麻,抗癌防老、提升免疫功能的抹茶同食,對身心健康補益更多。

蜜汁柑桔
提升快樂指數，舒緩緊張壓力

材　料
柑桔半斤、檸檬皮半粒。

調味料
蜂蜜半碗。

做　法

❶柑桔洗淨，剔去蒂頭，將柑桔在腹部用
　刀割一刀。

❷黃檸檬皮洗淨，切去白膜，再切細絲。

❸將①入鍋中，倒入蜂蜜煮；大火煮開後
　轉小火續煮約20分鐘，再轉中火收汁，
　邊煮邊攪拌，待呈黏稠狀後，加入檸檬
　皮拌勻以增添香氣；熄火，待涼後即可
　食用。

功　效

＊柑桔富含有機酸，多種維生素、糖類等，其
　中類黃酮素、檸檬酸等成分，能降低血液中
　低密度脂蛋白，防止動脈硬化，降低心臟病
　罹患率。

＊柑桔特有的清芳果香，被證實能減緩心理壓
　力，令人心生愉悅，尤其對提升女性朋友快
　樂指數的效果更明顯。

＊搭配檸檬皮和蜂蜜食用，不但消弭緊張作用
　更明顯，同時還具有防止肌膚老化，淡化斑
　痕的效果。蜂蜜還能保肝、促肝細胞新生，
　並預防脂肪肝。

紅豆煎餅

利尿消水腫、保護髮膚、有益心血管

材 料

麵餅皮2張、紅豆泥1碗。

調味料

砂糖1小匙。

做 法

❶ 市售的麵餅皮，入平底鍋中小火乾煎，至雙面微焦。

❷ 紅豆泥作法同39頁糯米三色丸，可一次多做一些，分小包冷凍，食用時再取出來退冰，微波加熱。

❸ 將麵餅皮攤平，將②入麵皮中，再捲成圓柱狀，用叉子固定，再切大段排盤即可。

功 效

＊紅豆含有豐富的植物性蛋白、澱粉質、膳食纖維等，以及多種礦物質，特別是磷、鉀、鐵、鎂、銅等元素，能改善缺鐵性貧血，調節血壓血脂、利尿消水腫，並能強化骨質、保護髮膚健康，維持神經傳導功能。

＊吃紅豆煎餅有暖人心房之效果，因為有益心血管循環；還有催乳作用，哺乳媽媽常吃，可增生乳汁；對水腫虛胖，及心臟病、腎臟病水腫，都有一定的作用。

烤蘋果派

保養心肝、疏壓解憂、提高效率

材　料

派皮2張、蘋果1粒。

調味料

紅砂糖2大匙。

做　法

❶ 蘋果削去外皮，去核洗淨，先切薄片，再切小塊。

❷ 將①入鍋中加入砂糖小火炒，至果肉軟化，開中火收汁，即可熄火。

❸ 派皮切成4塊，取一塊置盤中，盛上②的蘋果餡，再疊上一塊派皮，用叉子將四週壓平，使其邊緣粘在一起。

❹ 烤箱180℃ 預熱10分鐘，再烤15分鐘，即可取出。

功　效

＊ 蘋果被公認是健康養生佳品，是心血管健康的守護神，所含果膠成分，能維持血糖質，降低膽固醇，並提高免疫功能，調節體內電解質平衡。

＊ 蘋果特殊的香氣，具有明顯的紓肝氣，減壓力的作用，極適合步調緊張、壓力大的都會人食用，能提神、解憂鬱，保護肝功能，維護心血管健康，並提高工作效率和學習成果。

鳳梨醬餅
利尿止渴、幫助消化

材　料
鳳梨半顆、餅乾少許。

調味料
紅砂糖2大匙

做　法
❶ 鳳梨洗淨削去外皮，去中間的芯部，切小丁。
❷ 鳳梨丁入鍋中，加入紅砂糖煮，邊煮邊和勻，避免焦黃，最後再用大火收汁即可。經涼後可裝盛瓶中，入冰箱冰鎮。
❸ 可取任何喜歡的餅乾、麵包，抹上鳳梨醬食用。

功　效
＊ 鳳梨含有能分解蛋白質的酶類，是一種與胃液相近的酵素，能夠促進消化和吸收，解油膩，醒宿醉，並能提神、利尿、止渴。不僅是寓意「旺來」的吉祥水果，對身體健康亦有明顯助益，取來製作甜點，其所含醣類、酸類、多種維生素的綜合營養效果，適量的吃，能防範腎炎、支氣管炎，並調節血壓。
＊ 唯對鳳梨有過敏史，胃腸潰瘍，或已罹患腎臟病者，則不宜食用。

紅豆麻糬

補充體力、改善虛弱

材　料

紅豆4兩、麻糬數顆。

調味料

紅砂糖2大匙

做　法

❶ 紅豆洗淨，加3碗水煮，大火煮開後轉小
　火續煮約25分鐘，加入紅砂糖和勻。

❷ 超市買的麻糬，入熱水中煮，反覆加水
　二次，待麻糬浮在水面即可取出盛碗
　中。

❸ 再將①淋在②上即可。

功　效

＊麻糬的主要原料是糯米，有益氣強身、供給
　能量的作用，虛弱乏力、體力不濟、精神萎
　靡、四肢冰冷、抵抗力低的人，適量食用，
　能改善身心條件。

＊然而糯米黏度高，難以消化，幼兒、老人，
　或是腸胃消化功能不好者，不宜多吃，否則
　因它在胃中消磨時間延長，增加胃酸分泌，
　反會造成不適或胃痛。

夏天，養心效果最佳

　　夏天的調理最難為，但也相對重要，尤其在溫室效應之影響下，人人難免心浮氣躁，情緒脫軌，食欲不振、外毒入侵，痘疹膿瘍，在工作上、學業上也易效果不彰。

　　在此萬物繁榮生長之季，也是百病叢生，諸氣上心頭之際；因應「夏養」之序，不僅是要養身，更要養心，適量的吃點苦，苦味食物能疏洩心火，清熱解毒，並醒神明目，提振胃口；切莫過度貪戀冰品，涼了心火也會損了脾胃健康；而配食紅色食物則能強心氣，保健血管。

　　這也提醒我們，四季都當養脾胃，夏天進食冰甜品仍以適度為準，才能有效地消暑除煩，並維持正常新陳代謝。

芒果冰沙

消暑除煩、維護視力、調和精神

材料

芒果1粒。

調味料

楓糖漿1小匙。

做法

❶ 芒果洗淨削去外皮，切果肉，入冰箱冷凍庫中冰凍。

❷ 待①結凍後，入果汁機快速攪打，使其成冰沙狀，盛入杯中，食用時淋上楓糖漿增添香味。

功效

＊ 芒果有益胃、通血脈的作用，能解渴、止暈眩、抑制嘔吐；因胡蘿蔔素含量特別高，能防止視力衰退、增強免疫功能，並潤膚美髮、維持牙齒及骨骼之健康。

＊ 夏天來一杯芒果冰砂，能明顯地刺激腦神經元的作用，調和精神狀態，強化腦智的可塑性，對身心健康有不錯的助益。

＊ 能消暑除煩的芒果冰砂，並不適合過敏性體質的人，或是皮膚濕疹、糖尿病患者，及胃虛寒的都應慎食。

西瓜汁

清熱消暑、利尿消腫、降壓除煩

材 料

小西瓜1個。

做 法

❶西瓜剔去黑籽，削去綠皮，切塊狀。

❷將①入果汁機打勻，用濾網濾去渣，盛入杯中或冰涼後飲。

功 效

＊西瓜是夏季當令水果，具有寒涼的特質，最能消暑止渴，除煩解憂，對中暑發燒、小便色赤、焦慮躁鬱症狀能快速改善。

＊西瓜也是美容聖品，可增加皮膚細胞的保濕效果，增加光澤和彈性，減緩老化生皺的速度。

＊但西瓜的寒涼也會降低腸胃功能，致消化不良、蠕動失調，使腸胃道的抵抗力降低。而且晚上亦不宜吃，以防入夜造成腸胃不適。

蜜醋嫩薑

促進排汗、增加食慾，改善四肢冰冷

材　料

嫩薑半斤。

調味料

紅砂糖3大匙、白醋1大匙。

做　法

❶嫩薑洗淨，切圓薄片。

❷將①加入調味料煮，大火煮開後，轉小
　火續煮約10分鐘，轉中大火收汁，待涼
　即可食用。

功　效

＊嫩薑含有辛辣和芳香的揮發油，能加速血液
　循環，改善四肢末梢冰冷現象，興奮腸胃，
　增進納食量，幫助消化，極適合長期待在冷
　氣房，食慾不振，缺乏運動而流不出汗的人
　食用。
　夏天容易中暑、熱感冒，經常吃蜜醋嫩薑，
　能調節新陳代謝，促使排汗、提升抗病力，
　可防治熱浪造成的不舒適。

檸檬愛玉冰
消除疲勞、減輕煩擾、清新口氣

材 料
檸檬半顆、愛玉半斤。

調味料
蜂蜜2大匙。

做 法

❶ 檸檬半顆再切一半，一半壓汁，另一半切成薄片。

❷ 愛玉可切丁狀，或用器具切成絲狀。

❸ 將②入容器中，食用時加檸檬汁，檸檬片再淋上蜂蜜或冰塊和勻即可。

功 效

＊天然的愛玉，是用愛玉子於水中搓磨出膠質凝結而成，口味自然，滑溜爽口，清心解熱是其特點。搭配蜂蜜和檸檬，能迅速消除疲勞、恢復體力，並消除躁擾煩憂，是夏季極有人氣的解熱冰品。

＊調味愛玉冰，不適合用黑糖或赤砂糖，以維持清澈爽口的口感，並保留檸檬的清香。待食用前再加糖水、檸檬，以避免愛玉被融化。

牛奶蜂蜜西米露

消炎解熱、清心減壓

材　料

牛奶300c.c.、西谷米半碗。

調味料

蜂蜜2大匙。

做　法

❶ 加2碗水以大火煮開，下西谷米轉中火，邊煮邊攪拌，以免沾鍋，至呈透明狀，熄火。

❷ 起鍋後以冷開水快速沖刷，以免西谷米結塊，待涼後放入冰箱冰鎮。

❸ 食用時，裝入杯中，倒入牛奶，淋上蜂蜜即可。

功　效

＊ 西谷米又稱西米，其原料是來自於碩莪樹子的汁液，這是東南亞熱帶雨林的樹種。西谷米有消炎，助皮膚再生的作用，對炎夏濕熱所致之皮膚炎，過敏起疹有舒緩效果。

＊ 搭配牛奶加蜂蜜調製西米露，冷食熱食都十分可口。夏季多冰食，無論搭配牛奶、椰漿、芋頭或是各式新鮮水果、罐頭水果，都有清沁解熱，減輕壓力之效果。

冰糖冬瓜

清心降火、輔助瘦身、利尿消腫

材 料

冬瓜1斤。

調味料

冰糖2大匙。

做法：

❶冬瓜洗淨，去籽，用器具挖成圓球狀。

❷將①加2碗水煮，大火開後較小火煮約20
分鐘。

❸再入冰糖煮勻即可、待涼入冰箱中冰鎮
即可食用。

功 效

＊冬瓜性寒，有良好的清熱消炎、生津止渴、
瀉火利尿效果，盛夏酷熱，容易心、胃之火
上亢，常食冬瓜湯品或甜點，能清心除煩、
清降胃火，並利尿消水腫，改善咽乾口苦，
舌苔黃厚之現象。

＊冬瓜還有抗衰老、潤肌膚、塑身型之作用，
能減少體內脂肪堆積及體液留滯，可為減肥
輔助食品；又是低糖低脂之品，腎臟病、心
血管疾病、糖尿病者都合宜；但腸胃虛弱，
久病不癒或病後初癒都不宜。

水果冰磚

快速消除疲勞、穩定情緒、防制憂鬱

材　料
葡萄半斤、奇異果2顆、哈蜜瓜1／4顆。

做　法
❶ 葡萄洗淨，去粗蒂，入果汁機打勻，用濾網濾去渣。

❷ 奇異果削去外皮，切塊，入果汁機加1/2碗的開水打汁。

❸ 哈蜜瓜削去外皮，去籽，切塊，加1/2碗的開水打汁。

❹ 將①②③分別倒入製冰容器中，再入冷凍庫中，待結凍，即可取出食用。

功　效
＊夏天煩熱，容易導致味口差、食慾不振；適量補充水果，不但可清熱開懷，同時能補充果糖、葡萄糖等，供給能量，維護一定的生理水準。

＊葡萄所含糖類主要為葡萄糖，能很快被人體吸收利用，緩和血糖低的症狀，快速消除疲勞、恢復體力。平時多吃葡萄並能緩和婦女病，預防貧血。

＊奇異果含豐富的抗氧化劑維生素C，血清促進素，膳食纖維等，不但抗癌防老，促進心臟健康，並有穩定情緒、防止憂鬱症作用。

燒仙草
清熱解毒、調節體溫

材　料

市售仙草粉1包、粉圓半碗、芋頭1／4顆。

調味料

砂糖2大匙。

做　法

❶ 芋頭削去外皮，洗淨切丁，加2碗水煮，
大火煮開後轉小火續煮約15分鐘，加入
一大匙的砂糖煮，待溶化入味，開大火
收汁。

❷ 仙草粉入碗中，倒入熱開水，及砂糖1大
匙和勻，待黏稠狀，加入粉圓及芋頭丁
即可。

功效

＊ 仙草冷熱食各具風味，其性味淡、寒，有清
熱解暑、解毒利水之功效，中暑、血壓高、
身熱躁擾都適合食用，同時能緩和急性風濕
性關節炎之痠痛。糖尿病患老亦適合，但建
議少加糖類調味料。

＊ 燒仙草的配料可依個人口味，勘酌加減，堅
果類，如炒花生、杏仁片、腰果等都合適，
唯要注意食用量，以免攝入了大量熱量。

＊ 燒仙草非常適合夏天長時間待在冷氣房者食
用，有調節體溫，協調循環之作用。

黑糖寒天

降低膽固醇、輔助控制體重、清暑助樂

材　料
寒天一把。

調味料
黑糖3大匙。

做　法
❶ 寒天用剪刀剪成數小段。

❷ 將①加3碗水煮，大火煮開後轉小火繼續煮，邊煮邊和勻，待完全溶化，再過濾網去雜質，倒入容器中待涼。

❸ 黑糖加半碗水煮，煮開後轉小火煮成黏稠的漿狀待涼。

❹ 將②切成條狀，或用工具切成絲狀，盛碗中入冰箱冰鎮。

❺ 食用時取出，再淋上黑糖漿即可。

功　效
＊ 寒天堪稱植物性燕窩，傳統中醫食療方認為它是瓊脂，富含水溶性纖維，吃了能產生飽足感，使人不致於過量進食，可為減重的輔助品。

＊ 所含纖維質能促進排泄，能吸收腸道中膽固醇及代謝後之毒素，使之在較短之時間內排出體外，有效降低膽固醇，並防止腸道病變。

＊ 黑糖寒天不但清熱解暑，且令人產生滿足與快樂感。寒天本身幾乎是無熱量，有減肥計畫者，可減少調味糖用量。

蓮子椰果

清心鎮靜、穩定情緒、健腦益智

材　料

鮮蓮子4兩、枸杞1大匙、椰果罐頭1罐。

調味料

冰糖2大匙。

做　法

❶蓮子洗淨，加入3碗水煮，大火煮開後轉
　小火續煮約15分鐘，加入冰糖、枸杞和
　勻；再煮滾一下即可熄火，待涼，入冰
　箱冰鎮。

❷食時，將椰肉取出，和在①中食用即
　可。

功　效

＊椰果是一種天然的高纖維食品，是由新鮮的
　椰子肉製成，性味清涼，能清熱解暑，抵抗
　憂鬱，並促進腸胃蠕動，消磨食積，避免宿
　便及毒素滯留在腸道。

＊搭配蓮子、枸杞子調製甜品，有助維持體內
　酸鹼平衡，並鎮靜養神、健腦清心，消弭夏
　熱高溫所帶來的煩躁不安、脾氣火爆或情緒
　失調，也有助眠，預防記憶力衰退之作用。

秋天，最適宜養肺

秋天陰氣起陽氣收，肅殺之氣逐漸籠罩大地，但又不免時而有秋老虎肆虐，在此「秋收」，萬物皆成熟之季，也是進行身心總體檢之際，如果調理不當，再加上外在冷熱失調，首當其衝的是肺呼吸道受感染。

所以秋天也最常見呼吸道疾病，抵抗力降低、受風寒感冒、咳嗽喘促、痰積；還有過敏性體質的人也要注意支氣管炎，鼻竇炎多年疾病。

適度補充辛性食物、白色食物，能通暢孔竅，維護呼吸系統，保持氣流通暢，並能提升免疫力功能，促進生理活性。

茯苓餅

維護呼吸系統健康、增強免疫功能。

材　料
茯苓粉2錢、麵粉3大匙、枸杞1匙。

調味料
細糖粉2大匙。

做　法
❶ 枸杞加半碗水泡軟、瀝乾。

❷ 麵粉與茯苓粉加半碗水和勻，再加入枸杞粒、細糖粉拌勻一下。

❸ 平底鍋熱，用湯匙倒入麵糊煎至雙面金黃色，取出切片排盤，再灑上糖粉即可。

功　效
＊ 茯苓性質甘淡，補益肺、脾，能防治呼吸道感染，提升免疫系統功能；並利尿、止瀉，改善食慾不振、消化不良；對養心安神，幫助睡眠亦有良好效果。

＊ 茯苓餅適合痰積咳逆、胸悶心悸、神經衰弱、失眠多夢、心神不寧、水腫脹滿的人食用。入秋是養護肺呼吸系統的最佳季節，常吃茯苓類食品，能增強機能和抵抗力，確保入冬免於風寒咳嗽、哮喘之苦。

杏仁豆腐

止咳化痰、保護肺呼吸道

材 料
杏仁粉3大匙、寒天1小把、枸杞1錢。

調味料
冰糖2大匙。

做 法
❶ 冰糖加一碗水煮，大火煮開後轉小火續煮至溶化即可熄火。

❷ 鍋中二碗水煮開，先入寒天小火煮，邊煮邊和勻，再入杏仁粉和勻，以濾網去雜質，倒入容器中冷卻。

❸ 待冷卻呈固體後，取出切塊狀，加入冷開水、枸杞及淋入冰糖水和勻即可。

功 效
＊杏仁能止咳化痰、定喘，防治肺病、支氣管炎症、咳嗽等症狀，是強健呼吸系統的重要食材。因為肺臟的外應組織為皮膚，所以杏仁亦具有美膚作用，能促進皮膚細胞之新陳代謝，使膚色紅潤光澤有彈性。

＊杏仁還能降低很多慢性病發生的風險，並有抗癌作用，減輕放射治療，化療後的不適症。

粉光燉梨

增進抵抗力、防治感冒、止咳美化嗓音

材　料
水梨1顆、粉光1錢。

調味料
冰糖1大匙。

做　法
❶ 梨削去外皮、切半,去中間的核。
❷ 將①切薄片,粉光加二大匙水泡軟。
❸ 將②加冰糖小火煮至梨軟透即可。

功　效
* 粉光參又名西洋參,能清補肺氣,強化呼吸功能,防治風寒感冒、過敏性鼻炎、支氣管炎等,改善過敏性體質,並有強健體能之效果。
* 粉光燉雪梨是潤肺的代表性甜品,能生津止渴、鎮咳化痰,無論是老人虛弱久咳不癒,或是兒童先天抵抗力弱易遭流感感染,都適合常吃,以改善體質。
* 此道甜品也是潤喉美化嗓音的佳品,發聲族群,無論歌手、播音員、教師、業務代表,推薦以此品來保養嗓子。

楓糖鬆餅

強化肺臟抗污染的能力、補充體力、減輕疲勞

材 料

鬆餅粉1杯、松子、枸杞子各1小匙。

調味料

楓糖漿1大匙。

做 法

❶ 鬆餅粉加三杯水和勻成麵糊。

❷ 平底鍋入少許油，用湯匙盛一匙麵糊入
平鍋中煎，轉小火，至麵糊上起泡泡；
翻面煎至呈金黃色即可疊在盤上。

❸ 撒上松子、枸杞子，淋上楓糖漿即可。

功 效

＊ 松子油脂多，以不飽和脂肪酸和維生素E油
為主，不但是保護血管的健康食品，並潤通
腸道，防止便秘；還有很好的潤膚效果，能
延緩肌膚老化，維護彈力纖維。

＊ 和富含維生素A的枸杞子同食，能加強保護
肺臟，抵禦空氣污染，並能補體力之不足，
減輕疲勞，緩和手足抽筋、關節僵硬之現
象。

＊ 淋上琥珀色的楓糖漿，補充更多的礦物質、
醣類、蛋白質等，對提升免疫力有一定的效
果。

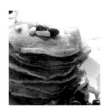

白木耳水果甜湯

提升免疫力、助腦力開發、去斑防老化

材 料

白木耳半斤、罐頭水果1小罐、枸杞1小匙。

調味料

冰糖2大匙。

做 法

❶ 白木耳入水中泡軟、去粗蒂洗淨、切小塊。

❷ 將①加3碗水煮、大火煮開後轉小火續煮約15分鐘，加入冰糖和勻；待溶化後，置入枸杞即可熄火。

❸ 待②涼後加入罐頭的水果，或依個人喜好加入新鮮的水果丁。

功 效

＊ 白木耳又稱銀耳，是一種天然的滋補品，有潤肺益氣、保肝清腸、補脾開胃之效果，能生津止渴、補腦益智，老人常食可緩和腦智衰退，幼兒常食則助益腦力開發，並能提升免疫力和對化療、放療的耐受力。

＊ 白木耳富含膠質，經常食用能增強細胞蓄水能力，有保濕效果，防止肌膚乾燥粗糙，並可淡化黑斑，使肌膚變白。能潤腸通便，掃除體內餘毒，並減少體內脂肪堆積，兼具美容與瘦身效果。

巧克力水果鍋
振作精神、減輕疲勞、開朗心情

材　料
苦味巧克力一大塊、綜合水果一盤、鮮奶2大匙。

做　法
❶ 將巧克力切碎入小鍋中。
❷ 用大鍋裝水煮滾,再將①置在熱水中(不要高過60℃),隔水加熱,邊煮邊拌使其溶化,加入鮮奶拌勻。
❸ 鍋下置小蠟燭使其保持溫度,再用叉子叉水果沾裹巧克力醬食用,或是沾好之後,待涼使巧克力凝固亦可。

功　效
* 功克力是以可可為主原料的食品。純味巧克力含高量的可可脂,味道香濃,香軟滑溜,入口即化,常令人難以拒絕。巧克力含有較多的鋅、鈣、鐵、鎂等元素,有益神經傳導、防止疲勞,男性適量食用,可緩和性功能障礙;女性在生理期食用,可補充鐵質之外,並緩解經痛、減輕倦累感並興奮精神,使心情好轉。
* 巧克力鍋DIY的訣竅在於隔水加熱,且加熱的水溫不要超過60℃,以免造成巧克力油水分離。壞了口感,並酌加鮮奶油或鮮奶,增添風味。

木瓜吐司奶盅

提升抗病力、補充體能、防治骨質疏鬆

材　料

酥皮1張、吐司1片、鮮奶300c.c.、木瓜1/8顆。

調味料

白砂糖1小匙。

做　法

❶ 吐司切小丁，木瓜去籽、去皮切小丁。酥皮從對角線劃十字。

❷ 將①及鮮奶入烤碗中，放入白砂糖，蓋上酥皮，邊緣用手壓平與碗黏在一起。

❸ 烤箱180℃ 先預熱15分鐘，再烤25分鐘即可食用。亦可灑海苔香鬆。

功　效

＊ 鮮奶是營養價值最高的食品，8種人體必需胺基酸它都含有，是維持生命、促進成長、調節體能及供應人體能量的重要物質；而且鮮奶被人體的消化率可高達97%，能充分發揮營養效益，提升免疫力和抗病力。

＊ 鮮奶也是鈣質的豐富來源，同時又富含維生素D，能使體內的鈣、磷有效被利用，打造強壯的骨骼與牙齒，防止骨質疏鬆症和蛀牙。總之，鮮奶、乳製品等對各年齡層而言都是理想的營養品。

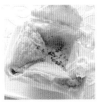

烤南瓜泥

抵抗呼吸道感染、維護視力、強健骨質

材　料

南瓜半顆、牛奶200c.c.、鮮奶油球3球。

調味料

紅砂糖2小匙。

做　法

❶ 南瓜削去外皮，去籽，洗淨，切塊。

❷ 將①加1碗水煮，大火煮開後轉小火續煮約10分鐘，入果汁機加牛奶攪拌。再加入紅砂糖及鮮奶油和勻。

❸ 將②倒入烤鍋中，烤箱設定210℃預熱20分鐘，再烤25分鐘，待表層金黃即可。

功　效

✽ 南瓜富含β胡蘿蔔素，是一種重要的防病食材，有強效的抗氧化作用，對防治許多疾病都有幫助，如老年癡呆症、男性性功能障礙、慢性疲勞、視力問題等等；多吃南瓜有助於提升人體保護細胞的機制，預防癌症和心臟病，並可強化免疫系統，增進對呼吸道感染的抵抗作用。

✽ 南瓜搭配鮮奶，對健康有進階的效果，對促進骨骼健康、強化齒質、預防某些癌症，及提升免疫力等，都比單品食用來的更具效益。

拔絲地瓜

提高身心安適程度、轉換好心情

材　料

地瓜2條。

調味料

麥芽糖2大匙。

做　法

❶ 地瓜削去外皮，切長條狀。

❷ 將①入油鍋中，炸成金黃色，排盤。

❸ 麥芽糖入碗中、隔水加熱、淋在②上。

❹ 將沾了麥芽糖的地瓜，入冰水中浸泡一下，待麥芽糖微硬就有拔絲的效果。

功　效

＊ 地瓜又稱番薯、甘薯，是時下頗負眾望的健康食物，含有高量的蛋白質、膳食纖維，常吃會順暢排泄，清除體內廢物，避免脂肪、壞膽固醇堆積。

＊ 重要的是它含有一獨特的成分：DHEA（脫氫異雄固酮），這是一種天然的荷爾蒙，能強化免疫功能，改善許多因老化引起的免疫力方面的毛病，並提高身心的安適程度，轉換好心情，提升抗壓力能力，還可減輕自體免疫疾病如紅斑性狼瘡的症狀，是值得多吃的食物。

納豆薯餅

促進生理活性、防治血栓及動脈硬化

材　料

納豆1盒、馬鈴薯1顆、麵粉2大匙。

調味料

白砂糖2小匙。

做　法

❶ 馬鈴薯削去外皮洗淨，切片狀，入蒸鍋中蒸熟，趁熱壓成泥狀。

❷ 將納豆，薯泥加入麵粉，白砂糖和勻，用手捏成數個球狀。

❸ 平底鍋放一匙油、將②壓平煎，待雙面金黃即可取出排盤。

功　效

＊納豆可說是日本國寶級的豆類食物，日本人吃納豆已有逾千年的歷史。這是黃豆透過納豆菌發酵而成，在發酵過程中產生了許多生理活性物質，其中的納豆激酶是一種高濃度的天然溶解血栓的酵素，對高血壓、血管栓塞、動脈硬化等症是一大福音。

＊納豆搭配在歐洲有「第二麵包」美喻的馬鈴薯同食，產生更大的保健效益，可降低膽固醇，減少中風機率，改善消化不良，還可作為瘦身的輔助食品。

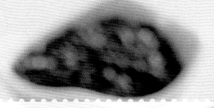

冬天，養腎最佳時節

　　冬季自然界步入閉藏之現象，人體的陽氣也潛藏在內，順應季節特性，當以護陽滋陽為根本，要昇華生命的原動力「腎氣」來調理體能，強化免疫系統，以抵禦冬季各種病象。

　　在此季節調理、滋養腎氣、充沛精力、強筋健骨、敏捷思考、聰耳明目、防範鬚髮早白、精力早衰、性功能失調等功效。腎氣充盈則抗病力強、體能好，生活品質也隨之提升。

　　適量補充鹹性食物，黑色食物有強腎壯志，強健筋骨、提高禦寒力、增強抗病能力之作用。

黑白芝麻球

滋補腎氣、預防早衰老化、維護心血管

材 料
黑芝麻半斤、白芝麻半斤。

調味料
麥芽糖4兩。

做 法
❶黑、白芝麻分別入乾鍋中炒香。
❷趁熱時,分別倒入麥芽糖,用手和勻,
　捏成球狀;待涼時即可固定成形。

功 效
＊黑芝麻、白芝麻都具有強效抗氧化作用,並
　滋補肝腎,有養腎氣、補血等功效,能防止
　腎氣虛弱、早衰老化引起之腦力衰退、鬚髮
　早白、掉髮、肌膚多皺無彈性,常吃芝麻會
　遏止上述狀況。
＊芝麻還富含不飽和脂肪酸和維生素E,能防
　止動脈中膽固醇沉積,冬季是心臟病好發季
　節,適量食用芝麻,有益心血管健康。
＊芝麻也是很好的軟便劑,能通暢腸道,防止
　便秘,預防腸道癌變。

紅酒水蜜桃

抗早衰老化、滋補腎陽、維護心血管健康

材　料
紅酒半瓶。水蜜桃3顆、肉桂棒2根、檸檬汁2小匙。

調味料
紅砂糖3大匙。

做　法
❶水蜜桃洗淨，切半，去核。

❷將①入鍋中，倒入紅酒，加入肉桂棒、紅砂糖、檸檬汁小火煮，約煮30分鐘即可。

功　效
＊紅酒釀自葡萄，含有大量抗氧化成分葡萄多酚；經過醱酵成紅酒，多酚化合物可增加至高達50種以上，經醫學臨床証實，適量的紅酒，其紅酒多酚能保護心血管健康，有抗血栓，防止動脈硬化、抗癌等多種效益。

＊搭配水蜜桃、檸檬汁，更補強抗氧化防早衰之效益。更重要的是運用肉桂棒，能溫補腎陽，暢通循環、活血舒筋，所含苯丙烯酸類成分，並有助於治療攝護腺增生病症。

糖酥牛蒡片
防止性功能障礙、維持腸道環境健康

材料

牛蒡1根。

調味料

白砂糖1大匙。

做法

❶ 牛蒡削去外皮,切圓薄片。

❷ 起油鍋,放入①大火炸至金黃色,取出瀝去油,再用吸油紙將油拭乾。

❸ 入碗中,趁熱撒上白砂糖即可。

功效

* 牛蒡營養成分高,又富含膳食纖維,是一優質食物。所含蛋白質、脂質、木香素及多種礦物質、精油、菊糖、胡蘿蔔素等成分,能調節血壓、膽固醇,增強人體免疫力;並刺激大腸蠕動,減少代謝後毒素及廢物積存在體內。

* 所含菊糖,是一特殊成分,能刺激腸道中有益菌的繁衍增生,維持腸道環境的健康。同時所含精胺酸成分,能促進男性精蟲的質和量,強化肌肉組織,靈活筋骨,被認為有壯陽、防止某些性功能障礙之作用。

* 一般日式料理店販售的牛蒡片,作法多為裹粉後再油炸,含油量極高,此糖酥牛蒡片做法不裹粉直接油炸,可大大減低熱量,但美味不打折。

紫米粥

調理生理循環、提振活力、防止憂鬱症

材 料
紫米2杯、米豆半杯。

調味料
冰糖2大匙。

做 法
❶ 紫米洗淨瀝乾,加3碗水煮,大火煮開後
轉小火續煮約15分鐘。

❷ 米豆洗淨,加入①中煮,再煮15分鐘;
待軟透,加冰糖和勻即可。

功 效
＊紫米比一般白米更具營養,所含錳、鋅、銅
等元素都較高,加上色黑補腎之效益,被認
為是最滋養腎元的米類,對維護攝護腺,調
理女性生理循環、提振活力、減緩緊張情
緒、防範憂鬱症,都有不錯的效果。

＊紫米中所含有的花青素、胡蘿蔔素、苷類等
成分,能釋放強效抗氧化效果,抗老防衰,
防止失智癡呆提早發生,並能調補虛弱、改
善貧血、遏止少年白,很適合產婦做月子補
養。

桂圓糯米粥

促進血行、溫暖四肢、安定心神

材 料
圓糯米2杯、桂圓半杯。

調味料
紅砂糖2大匙。

做 法
❶ 米洗淨，加3碗水煮，大火煮開後轉小火
　 續煮約20分鐘。
❷ 將桂圓乾剝散，入①中煮，再入砂糖和
　 勻，約煮5分鐘熄火，覆蓋再燜5分鐘即
　 可。

功 效
＊ 糯米是甜食運用較多的米類之一，能溫補脾
　 胃，改善食飲不振、營養不良，並提供機體
　 能量，但不宜一次大量。
＊ 桂圓有益智之美稱，能安神養血，對氣血失
　 調、心悸心慌、健忘失憶、失眠多夢、貧血
　 面黃都能改善。
＊ 桂圓糯米粥是冬季十分人氣的甜品，能促進
　 血行、溫暖身體、改善四肢冰冷，並能提
　 神、調理虛勞衰弱。

核桃糊

調補腎氣、助益腦智、防心血管病變

材　料
核桃4兩、牛奶500c.c.。

調味料
冰糖1大匙。

做　法

❶核桃入乾鍋中，小火乾炒至微金黃色，
　取出待涼。

❷將①加牛奶入果汁機打勻，倒入鍋中。

❸將②加冰糖小火煮，待滾冰糖溶化即
　可。

功　效

＊核桃即胡桃，具補腎、溫肺、潤腸的效果，
　傳統醫學上多用來輔助調理腎氣不足引起的
　腰膝痠軟、頭暈目眩、性功能障礙症狀、腸
　燥便祕等現象。

＊核桃含有多種營養素。首先，它能提供高量
　的不飽和脂肪酸，可增強細胞活性、維護血
　管彈性。再者，豐富的維他命E油可延緩老
　化，助益神經系統，補充腦部營養，同時可
　以促進腸子蠕動，幫助消化，攜出體內壞的
　膽固醇，預防心血管病變。惟屬於高熱量食
　物，要注意攝取量。

烏糖黑豆

抗氧化防早衰、調補腎氣、減輕腰膝痠痛

材 料

黑豆2兩、枸杞2錢。

調味料

黑糖2杯。

做 法

❶黑豆洗淨，加水泡軟，瀝去水分。

❷將①加黑糖小火煮，邊煮邊攪拌，至黑豆軟透，再入枸杞煮二分鐘即可。

功 效

＊黑豆為腎臟之豆，是所有豆類中含蛋白質最高者；同時鐵質的含量也比一般豆類多，最特別的是還含有花青素、異黃酮素等強效抗氧化成分，自古黑豆即被肯定是豆類中最具滋補效益之豆。

＊黑豆能改善水腫，例如淋巴回流失調水腫、腎病水腫都可取來輔助食療；而且黑豆因能調補腎元，補充優質植物性蛋白質，對少年白、掉髮、腰膝乏力、腰尻冷痛、耳鳴、頭暈眼花等現象都能改善。

酒釀湯圓
促進氣血循環、改善四肢冰冷

材　料
酒釀2大匙、蛋1顆、紅湯圓15粒。

調味料
冰糖1大匙、桂花醬1／2小匙。

做　法
❶ 湯圓放入滾水中煮，開後轉中火煮約5分鐘，至浮出湯面，撈起入碗中。
❷ 鍋中加二碗水煮，滾後入酒釀和勻，再入蛋花，待滾後入湯圓，冰糖和勻。
❸ 將②盛碗，再入桂花醬即可。

功　效
＊ 酒釀是由糯米發酵而成，發酵過程中完整的保留了糯米養分的精華，含有豐富的活性酵母、蛋白質、維生素、礦物質及膳食纖維，有補氣養血、促進循環和新陳代謝，能溫暖身體，改善手腳冰冷，關節僵硬，消化不良及便秘等。
＊ 酒釀湯圓加桂花醬能調節生理機能、促進氣血循環，可以緩和女性生理期不適，滋補產後氣血失調，並能促生乳汁分泌。冬天食用可暖和身體、紅潤臉色，振奮精神，改變情緒。

黑糖發糕

減輕疲勞、激發愉悅感、增進體能

材 料

低筋麵粉1碗、發粉2小匙、黑芝麻2小匙。

調味料

黑糖2大匙。

做 法

❶ 麵粉及發粉加黑糖和勻，再入一碗半的
　水和勻，待黑糖溶化。

❷ 將①倒入碗中，待蒸鍋熱，入蒸鍋中蒸
　發即可取出，灑上黑芝麻即可。

功 效

＊ 黑糖的主要成分為蔗糖，是人體重要的熱量
　來源。因為精緻度較低，保留有較大量的礦
　物質和維生素，甜度也較高，極適合烹調或
　烘焙甜點時使用，具有特殊的香甜口感。

＊ 黑糖含有較多的鈣、磷、鐵、鉀等元素，特
　別是鈣質，能強健骨質、增進體魄、促進生
　理循環。黑糖發糕當點心或飯後茶點，能減
　輕疲勞、降低緊張，升高抗壓力，並令人心
　生飽足與愉悅感。

炸起士卷

防止骨質疏鬆症，維持身心健康水平

材　料

起士1塊、餛飩皮10張、麵粉1大匙。

調味料

糖粉1小匙。

做　法

❶ 起士切成條狀，麵粉加水和成麵糊。

❷ 將起士條用餛飩皮捲成長條狀，邊口用
　麵糊黏緊。

❸ 油鍋熱，入②炸至表面金黃後，取出瀝
　乾油，趁熱食用。亦可灑上糖粉。

功　效

＊ 起司將蛋白質、脂肪、礦物質等營養成分，
　濃縮集結在一起，以同樣的分量相較，包含
　有比一般食物更高的營養素。所含的高蛋白
　能有效供應人體細胞所需之養分，維持身心
　機制的健康水平；對各器官組織的機能也有
　強化作用。

＊ 同時，除富含多種營養素之外，也是高鈣的
　好來源，無論發育成長中兒童、第二性徵期
　之青少年、孕婦、中年族群、更年期婦女、
　銀髮族，都建議常吃起司，可以充分獲取人
　體所需之鈣質，能強固骨質齒質、降低骨質
　疏鬆症之發生率。

C O P Y R I G H T

腳丫文化
■ K023

郭老師的四季甜品

國家圖書館出版品預行編目資料

郭老師的四季甜品 / 郭月英著. -- 第一版. --
臺北市 ：腳丫文化, 2007.11
面 ； 公分. --（腳丫叢書；K023）
ISBN 978-986-7637-32-1（平裝）

1. 點心食譜

427. 16   96019808

著 作 人：郭月英
社　　 長：吳榮斌
企劃編輯：許嘉玲
美術編輯：游萬國
出 版 者：腳丫文化出版事業有限公司
登 記 證：新聞局局版台業字第2424號

總社・編輯部
地　　 址：104 台北市建國北路二段66號11樓之一
電　　 話：（02）2517- 6688
傳　　 真：（02）2515- 3368
E - M a i l：cosmax.pub@msa.hinet.net

業務部
地　　 址：241 台北縣三重市光復路一段61巷27號11樓A
電　　 話：（02）2278- 3158・2278- 2563
傳　　 真：（02）2278- 3168
E - M a i l：cosmax27@ms76.hinet.net
郵撥帳號：05088806 文經出版社有限公司
國內總代理：千富圖書有限公司 (千淞・建中)（02）2900-7288
新加坡總代理：POPULAR BOOK CO.(PTE)LTD. TEL:65-6462-6141
馬來西亞總代理：POPULAR BOOK CO.(M)SDN.BHD. TEL:603-9179-6333
香港 代理：POPULAR BOOK COMPANY LTD. TEL:2408-8801
印 刷 所：科億彩色印刷股份有限公司
法律顧問：鄭玉燦律師 （02）2915- 5229
定　　 價：新台幣 250 元
發 行 日：2007 年 11 月　第一版　第 1 刷
　　　　　　　　　　　　　　　　　　　第 2 刷